赵致真　王俊　主编

北京出版集团公司
北京少年儿童出版社

图书在版编目（CIP）数据

冷热交融 / 赵致真，王俊主编. — 北京：北京少年儿童出版社，2017.1

（神奇科学）

ISBN 978-7-5301-4793-1

Ⅰ. ①冷… Ⅱ. ①赵… ②王… Ⅲ. ①科学实验—少儿读物 Ⅳ. ①N33-49

中国版本图书馆 CIP 数据核字(2016)第 264971 号

神奇科学

冷热交融

LENG-RE JIAORONG

赵致真　王俊　主编

*

北京出版集团公司
北京少年儿童出版社　出版

（北京北三环中路 6 号）

邮政编码：100120

网　址：www.bph.com.cn

北京出版集团公司总发行

新华书店经销

北京宝昌彩色印刷有限公司印刷

*

787 毫米×1092 毫米　16 开本　5 印张　50 千字

2017 年 1 月第 1 版　2017 年 1 月第 1 次印刷

ISBN 978-7-5301-4793-1

定价：21.80 元

如有印装质量问题，由本社负责调换

质量监督电话：010-58572393

图书编委会

主　　编：赵致真　王　俊

前期策划：赵　萌　张　戟　高淑敏

撰　　稿：赵致真　王　俊　彭芳麟　李　和　韩国栋

摄　　影：方　毅　崔　皓　曹婉毓

绘　　图：高　放　周夏琼　田仕博　邬斯豪

视频制作

导　　演：王　俊　方　毅

摄　　像：胡勇刚　方　毅

剪　　辑：方　毅　高　放　崔　皓　张　鹏　曹婉毓

编　　辑：朱本俐　王　竹　李传娜

美　　工：陈思敏　周夏琼　田仕博

操　　作：张亦婕　曹婉毓

道　　具：梁　伟　崔　皓

资　　料：高淑敏　张亦婕　崔弘扬

制　　片：张　戟

总编审　赵致真

总策划　朱世龙　顾亦兵

中国科学技术协会专项资助

北京科技视频网

武汉广播电视台《科技之光》

前 言

爱因斯坦4岁时从父亲手中得到一个玩具罗盘，竟然激动得浑身颤抖；物理大师费曼还坐在婴儿高脚椅上时，父亲就教他玩多米诺骨牌和色块图案，11岁在家中建立了小实验室；DNA双螺旋结构发现者沃森自幼迷上观察鸟类，并在全国广播公司《儿童百事问》科学竞赛节目中获奖；人类第一个登上月球的阿姆斯特朗2岁便跟父亲一起观看克利夫兰航空表演，5岁开始乘坐飞机；研究荧光蛋白而获得诺贝尔奖的钱永健8岁开始用父母亲赠送的化学工具箱做实验。许多名人都能从幼年时代找到一生成就的伏笔和远因。儿童的心田是一片神奇的沃土，哪怕不经意间落下的种子，日后也有可能长成参天大树。

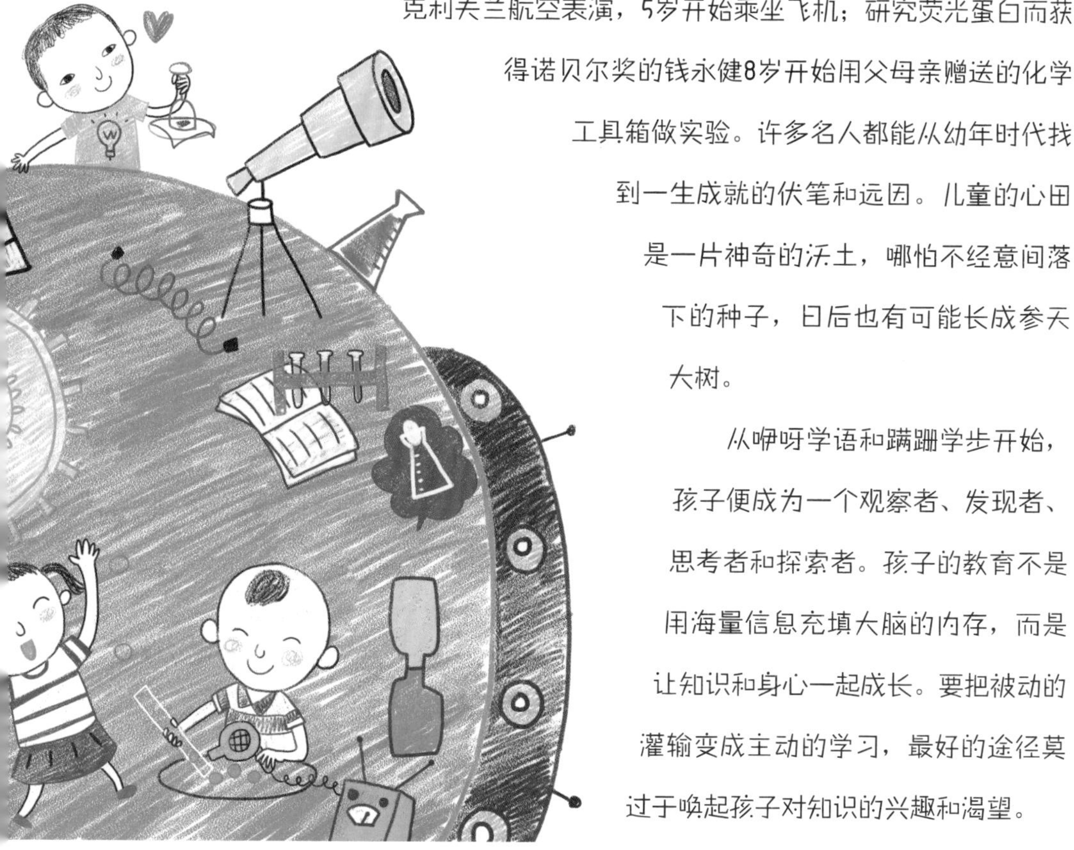

从咿呀学语和蹒跚学步开始，孩子便成为一个观察者、发现者、思考者和探索者。孩子的教育不是用海量信息充填大脑的内存，而是让知识和身心一起成长。要把被动的灌输变成主动的学习，最好的途径莫过于唤起孩子对知识的兴趣和渴望。

这组“神奇科学”实验的选题理念便是“神奇”二字。相信天下儿童都有好奇心，会对那些有悖直觉、有违经验、有拂常识的科学现象“从惊讶到思考”，进而增长见闻，开阔视野，活跃思想，让课堂知识得到延伸和补充。何况直接动手的体验和能力是无可替代的。实验选题力求丰富多彩，跨越多种学科，是因为顾念“营养均衡”。

用视频手段展现科学实验细节，无疑具有特殊优势。动画特技、虚拟现实、轨道摇臂、无影照明、微距摄影、逐格摄影、高速摄影，小实验完全值得当成“大制作”，因为我们希望科学的“真”和“美”能结伴走进孩子的心灵。

讲解实验背后的科学道理就要靠书中的文字了。尽量守住不用数学公式的底线，以免把读者吓跑；但“通俗处理”如果满足于“差不多”，结果也许就“差很多”。有些现象看似简单，却迄今并无标准答案，尽管我们对每个问题再三考订，以求一是，相信仍然难免疏失。这些内容与其说是写给孩子，毋宁说是写给家长和成人。为辅导孩子做实验时提供参考，也许还能唤起对学生时代功课的重温和讨论。

斑纹错杂的二维码如一扇诡谲的窗口，直接将视频“扫之即来”。这是泛媒体化带来的恩惠，也是这本书出版的时代印记。

中国人望子成龙的传统举世无双。当新一代孩子更加多才多艺、能歌善舞时，显然还需要有其他的心智模式。社会环境作为孩子的“第三老师”，有责任“激活”他们最可贵的科学灵感和创造精神。书中加一页实验报告，则希望孩子长大成人、远展鹏程后，看到童年时留下的稚嫩足迹。

不由想到“蝴蝶效应”。寄望我们的这本小书和它蕴藏的有趣实验像一群五彩斑斓的蝴蝶扇动翅膀，能在不太遥远的将来，在某个孩子的人生征途上，引起美丽的“风暴”。

目录
Contents

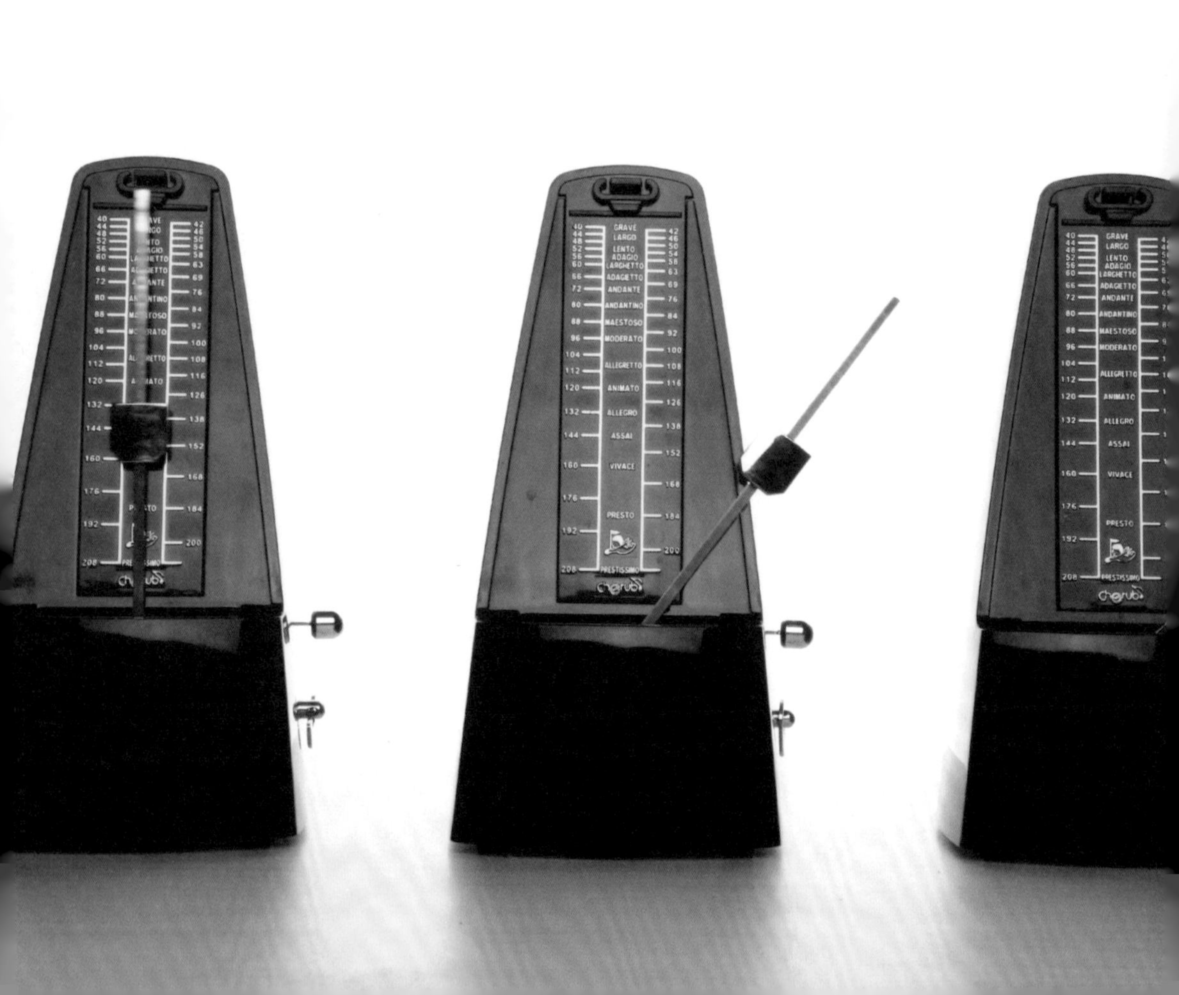
GRAVE
LARGO
LENTO
ADAGIO
LARGHETTO
ADAGIETTO
ANDANTE
ANDANTINO
MAESTOSO
MODERATO
ALLEGRETTO
ANIMATO
ALLEGRO
ASSAI
VIVACE
PRESTO
PRESTISSIMO

1 步调一致

难度系数★★★★★

摆动方向各不相同的 3 个节拍器，放在垫有易拉罐的木板上，就能自动调整得“步调一致”，是什么力量在起作用？

1. 你需要：

节拍器
木板
易拉罐

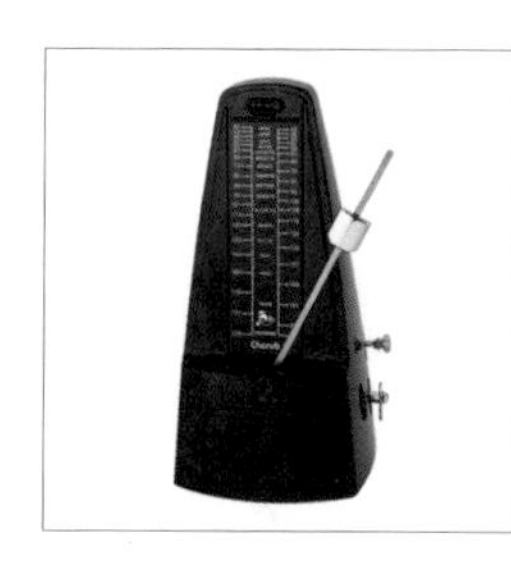

2. 这样做：

第一步
取 3 个相同的节拍器放在木板上，使其各自的摆动方向不同。

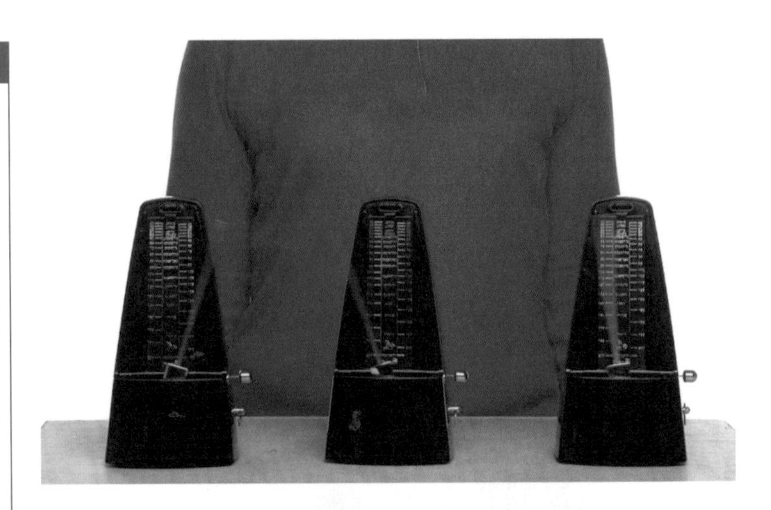

第二步

抬起木板和节拍器，将两个易拉罐垫在木板下。

第三步

等待三者步调一致。

第四步

取走易拉罐，将木板和节拍器放在桌面上，再次观察。

3. 你发现：

将木板放在易拉罐上，3个节拍器会慢慢趋于同步。

再将木板放回桌面，步调统一的 3 个节拍器便不再谐调。

4. 小技巧：

（1）最好选择相同品牌的节拍器进行实验。

（2）最好选择质地比较轻薄的木板进行实验。

（3）选择空的没有凹痕的易拉罐。

（4）启动节拍器时要选择较快的节奏。

5. 这是为什么：

随着节拍器振动，摆杆向左时会在底座产生向右的反作用力，反之亦然。由于桌面的摩擦力，节拍器不会因此而发生位移。实验中的 3 个节拍器同时开启的时候，摆动是不同步的，或者说它们的相位是随机的，彼此没有关联。

当 3 个节拍器并排放在下面垫有易拉罐的木板上后，由于木板能水平振动，使

3 个节拍器之间的振动能量可以互相传递，成为一个耦合系统。木板会在 3 个节拍器的合力作用下发生振动，对 3 个摆杆各自产生的力给予阻碍或者加强，使摆杆最终达到同步。

当把木板从易拉罐上拿下来放在桌面上后，3 个节拍器各自的振动不能再互相作用和影响，于是彼此“渐行渐远”，相位差别也越来越大。

钟摆的同步现象是荷兰科学家惠更斯于 1665 年发现的。

大自然中有许多神奇的同步现象，心肌细胞的同步收缩、萤火虫的同步闪烁、蝉的同步鸣唱都很引人入胜。

2 纸尿裤的秘密

难度系数★☆☆☆☆

纸尿裤还有一个别名叫作“尿不湿”。那么，它究竟为什么不湿呢？让我们拆开一个纸尿裤看看吧。

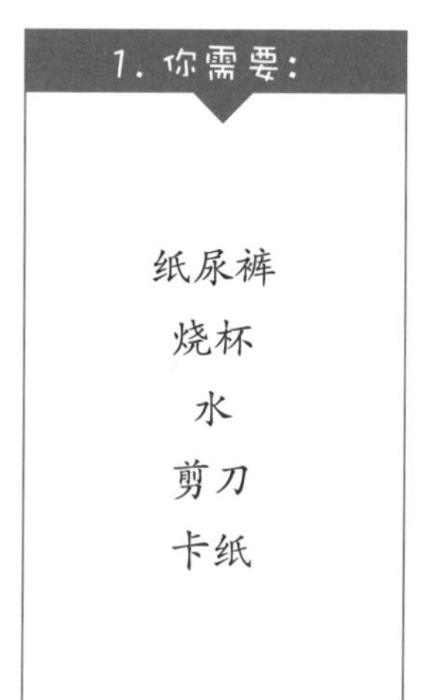

1. 你需要：

纸尿裤
烧杯
水
剪刀
卡纸

2. 这样做：

第一步

剪开一个纸尿裤。

第二步
抖落纸尿裤中的白色颗粒。

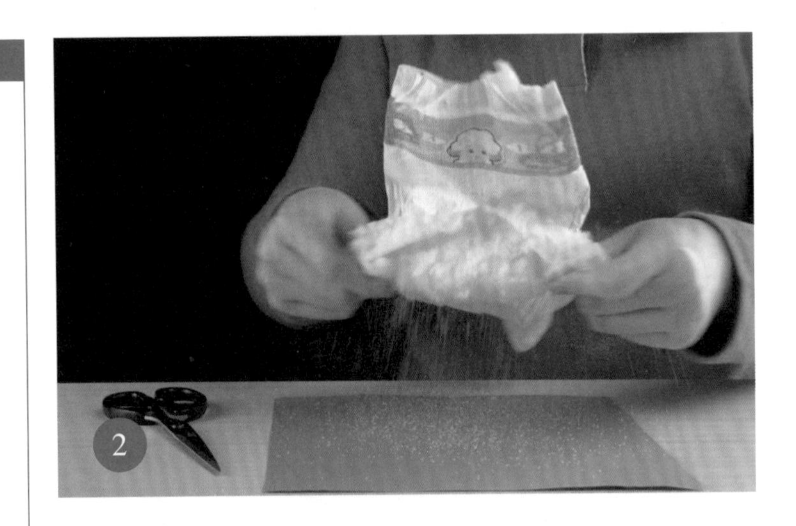

第三步
将白色颗粒收集起来倒入烧杯中。

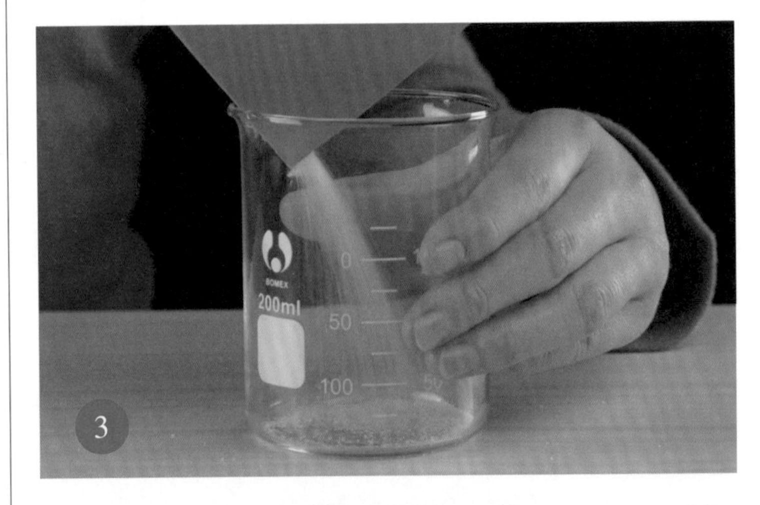

第四步
向烧杯中加入一些清水。

3. 你发现：

纸尿裤中的白色颗粒迅速变大，最后充满烧杯，将烧杯倒置也没有水流出来。

4. 小技巧：

（1）因为纸尿裤中的白色颗粒附着在其中的棉片上，所以不易收集。可以先将棉片剪成小块装入密封袋，封好口后用力摇晃，使白色颗粒与棉片分离。

5. 这是为什么：

纸尿裤中倒出来的白色颗粒是高吸水性高分子聚合物——聚丙烯酸钠，能吸收和贮存自身重量 200 ～ 300 倍的水分而体积膨胀很小。这类聚合物分子长链卷曲并互相交联，水分子能进入其结构，被氢键捕获和锁住。

20 世纪 60 年代，美国农业部为了研究土壤对水分的保持，开发了高吸水性高分子聚合物。此后，这种高吸水性高分子聚合物广泛应用于工农业生产中。美国太空总署用这种聚合物制造“最大量吸水太空服”。风靡全球的婴儿“尿不湿”也随之产生。不过这种聚合物对健康和环保的利弊仍存在广泛争议。

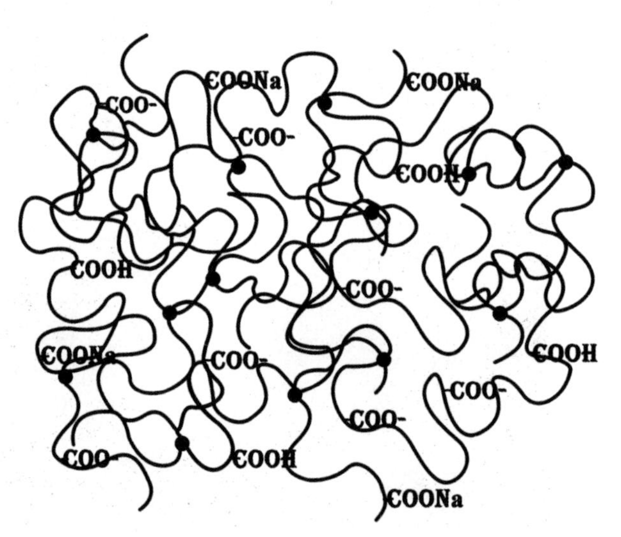

高吸水性高分子聚合物长链和交联

自己动手来做一下这个实验吧。看看你在实验中有哪些有趣的发现。你觉得是什么原因造成的呢？记下你看到的、想到的，也可以晒晒你的实验照片哦！

实验人 ________ 时间 ________ 监护人 ________

3 桌上的火箭

难度系数★★★☆☆

利用很简单的物品就可以制造一支小火箭。它能腾空而起数米高，你相信吗？

1. 你需要：

铅笔
空塑料瓶
托盘
白醋
小苏打
餐巾纸
胶带
软木塞

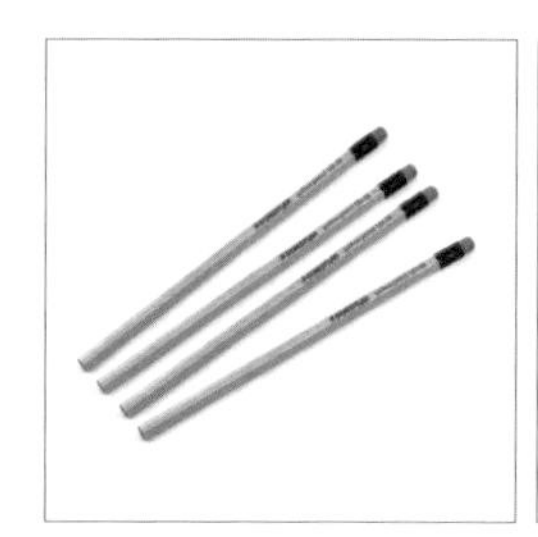

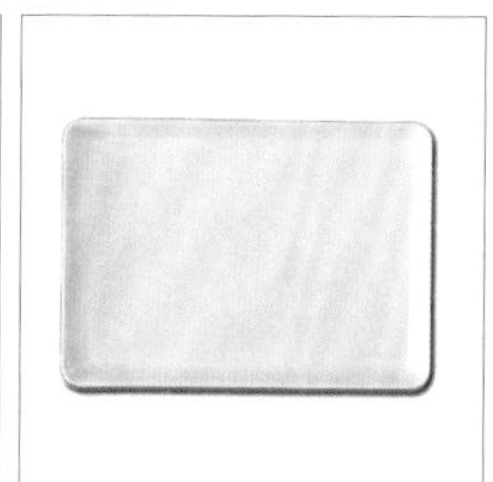

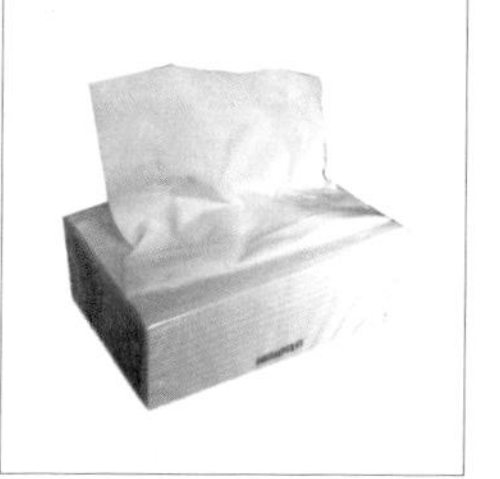
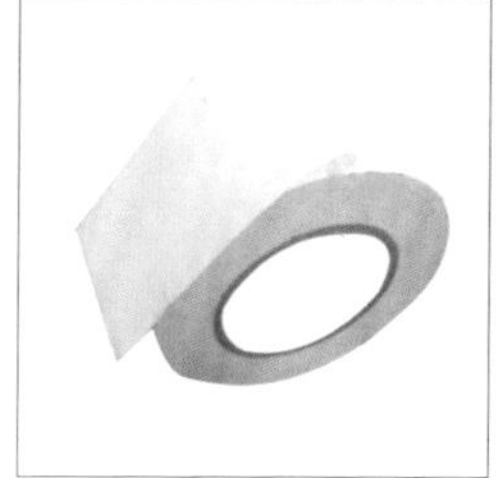

2. 这样做：

第一步
剪取一段胶带。

第二步

用胶带将4支铅笔粘贴在塑料瓶四周，让4支铅笔的橡皮头一端保持齐平。

第三步

向瓶中倒入适量白醋（以瓶子容积的1/3为宜）。

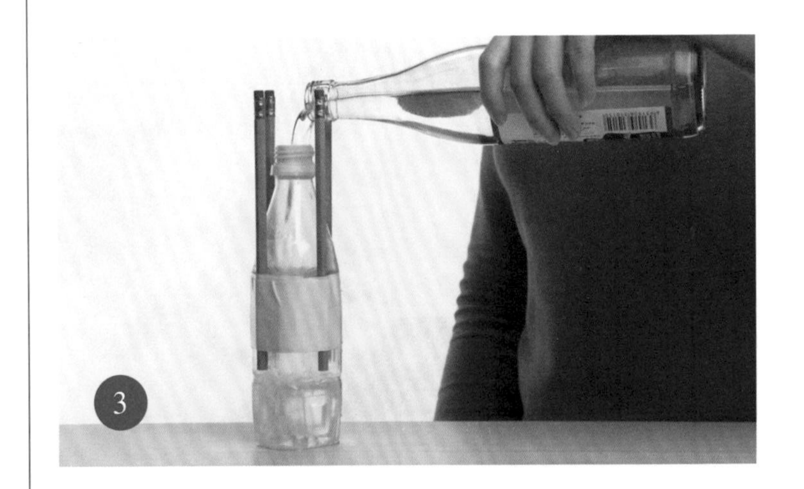

第四步

取一张餐巾纸，平放于桌面；将约10克小苏打倒在餐巾纸上。

第五步

将小苏打用餐巾纸包裹好。

第六步

将包有小苏打的纸包放入塑料瓶口内，切勿使小苏打外漏。

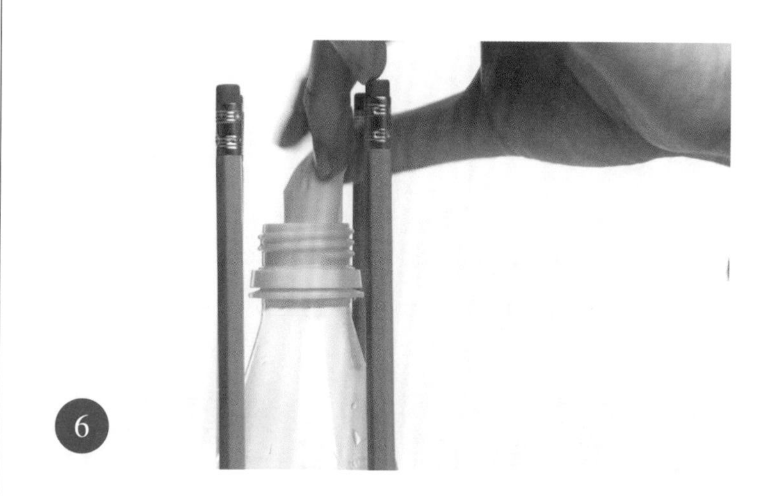

第七步

用软木塞塞紧瓶口。

第八步

翻转塑料瓶，将塑料瓶（瓶口朝下）放在托盘中，快速离开。

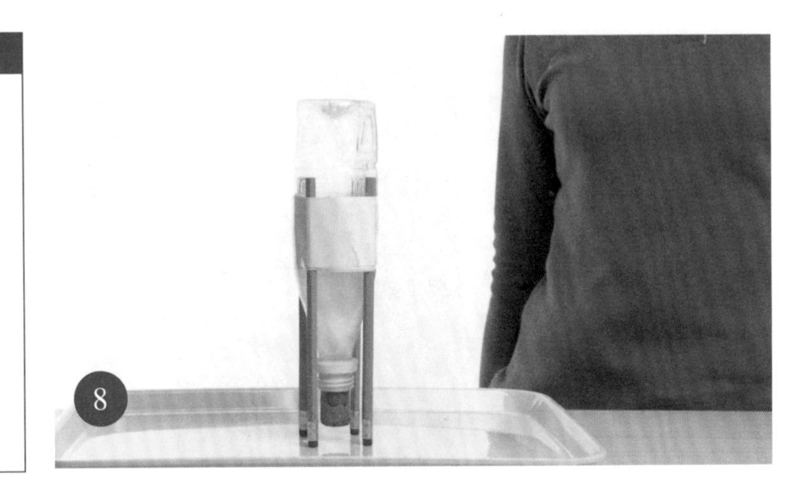

3. 你发现：

“火箭”喷射而起，可高达数米。

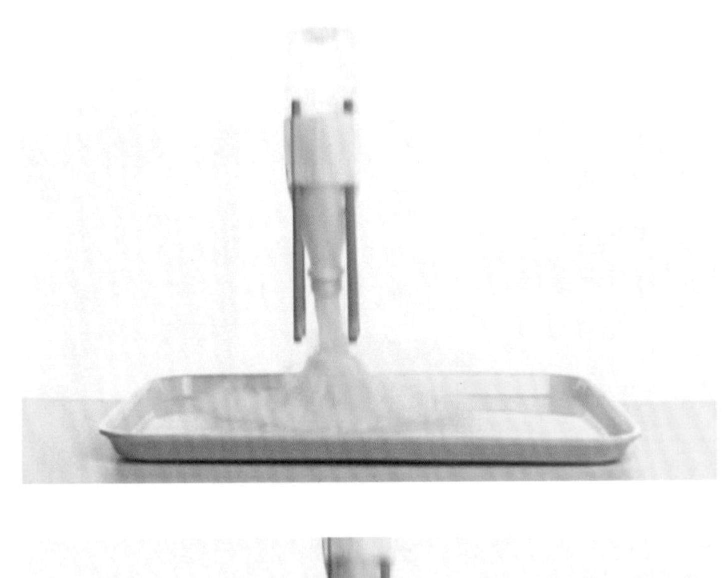

4. 小技巧：

（1）将塑料瓶（瓶口朝下）放在托盘上后，操作者与观看者应与实验场地保持 2 米以上距离。

（2）最好在无顶遮挡的室外进行实验，并戴上护目镜。

（3）实验过程中，切勿将身体任何部位置于“火箭”上方。

（4）切勿使用大号瓶、玻璃瓶来做实验。

5. 这是为什么：

小苏打的化学成分是碳酸氢钠，能与白醋中的醋酸发生剧烈的化学反应，生成二氧化碳和醋酸钠。

持续产生的二氧化碳气体受到瓶塞的阻力不能“逃逸”，便在小瓶内不断聚集和压缩，使瓶内气体压强急剧升高。当瓶内压力大于瓶塞阻力时，便爆发式冲开瓶塞向外喷发，将压缩气体的弹性势能转化为动能。反作用力使“火箭”腾空而起。

4 无形的压力

难度系数★★★★★

烧得滚烫的易拉罐浸入冷水中会立即塌陷，压力究竟来自何方？

1. 你需要：

点火枪
易拉罐
酒精灯
水
玻璃碗

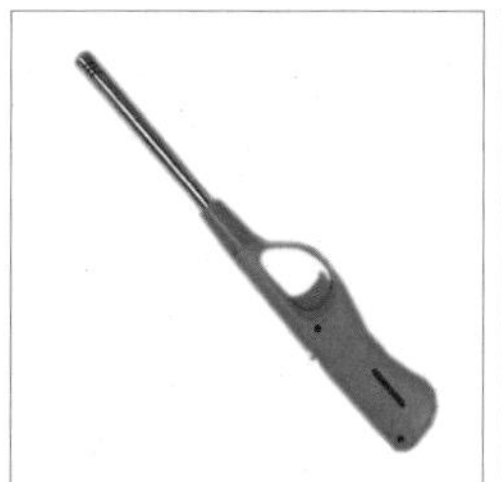

2. 这样做：

第一步
向玻璃碗中倒入约占其容积 2/3 的水。

第二步
取一个空易拉罐，向罐中倒入约占其容积 1/4 的水。

第三步

将易拉罐放置于铁架上，用酒精灯将水烧开。

第四步

将受热的易拉罐倒扣放入盛有水的玻璃碗中，观察结果。

3. 你发现：

易拉罐在冷水中迅速收缩、塌陷。

4. 小技巧：

（1）易拉罐中的水要烧开，但是不能将水烧干，必须保留少量的水。

（2）倒扣易拉罐时要尽量保持罐口以水平状态与水面接触，动作要迅速。

（3）这个实验有一定危险性，年幼的儿童不宜操作，可由成年人演示。

5. 这是为什么：

水在加热、沸腾之后会变成水蒸气。水蒸气会驱走罐内的空气并占据易拉罐的大部分空间。当易拉罐快速倒扣在玻璃碗的冷水中时，罐口被水封住致使空气无法自由流动，而罐内的水蒸气遇冷后迅速凝结成为水珠，罐中的气压随之骤减，低于大气压许多倍。狭小的罐口来不及吸进充足的水达到压力平衡，于是薄铝片做成的易拉罐便因无法抵抗内外空气的压力差而收缩塌陷。

无形的压力
扫一扫，就能观看实验视频

5 螺母的平衡

难度系数★★★☆☆

1个螺母可以抓住9个试图“逃跑”的螺母，这是怎么做到的呢？

1. 你需要：

螺母
绳子

2. 这样做：

第一步
取一根较长的绳子，将1个螺母系在绳子的一端。

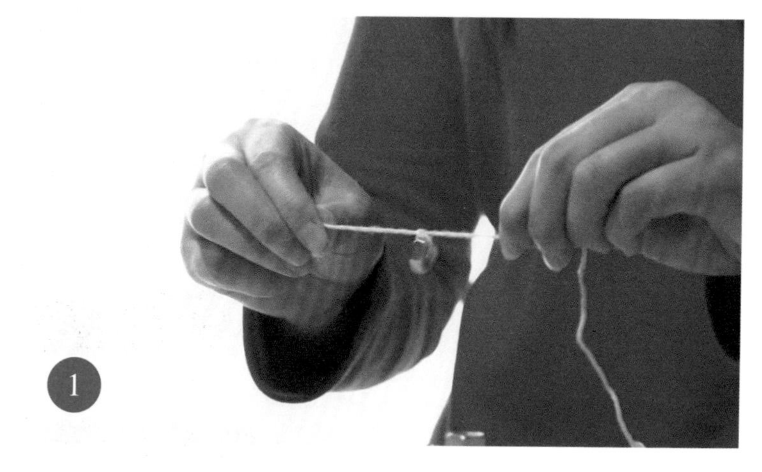

第二步
将9个螺母系在绳子的另一端。

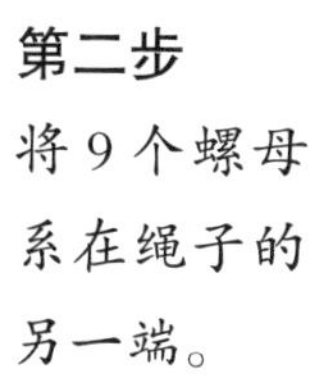

第三步

如图所示，拉住图片左侧的 1 个螺母，然后松开。

3. 你发现：

图片右侧的 9 个螺母开始在手指下方垂直下落，图片左侧的 1 个螺母则在垂直平面内围绕手指旋转。最后，绳子缠绕在手指上，另外 9 个螺母也不能再下落了。

4. 小技巧：

（1）实验用的绳子要足够长，确保一端的单个螺母下落后产生较大的弧形摆动，这样螺母就可以在手指上缠绕而不下落。

5. 这是为什么：

要想定量描述实验中的运动，必须精确了解绳子的长度、手指的位置、绳子和手指间的静摩擦力和动摩擦力等，进行复杂的数学计算。这里只能做概略的定性解释。

在一头 9 个螺母和另一头 1 个螺母组成的系统中，我们不妨把它分解为两个独立的运动。右边 9 个螺母受到向下的地心引力和向上的绳子拉力。由于拉力来自另一端 1 个螺母的重力和绳子与手指的摩擦力，因此远远不能和 9 个螺母的重力平衡。9 个螺母会垂直下落，直到上面的绳子缠住手指后被摩擦力固定，绳子拉力和 9 个螺母的重力达到平衡而停止下落。

左边 1 个螺母如果在绳子和手指位置固定的条件下，会受重力和绳子拉力作用而成为一个频率和振幅确定的单摆，并经历反复的势能和动能互相转变过程。现在手指另一面的拉力使绳子迅速滑动，这个单摆的摆长便动态性缩短。当螺母达到势能最低点和动能最高点时，本来能够继续上摆，将这一瞬间的动能转化为等量的势能。但由于摆长仍在迅速减短，使螺母转动半径连续变小，不能达到应有的势能位置。因此“过剩”的动能将推动螺母绕手指转动和缠绕。这也体现了角动量守恒的原理。

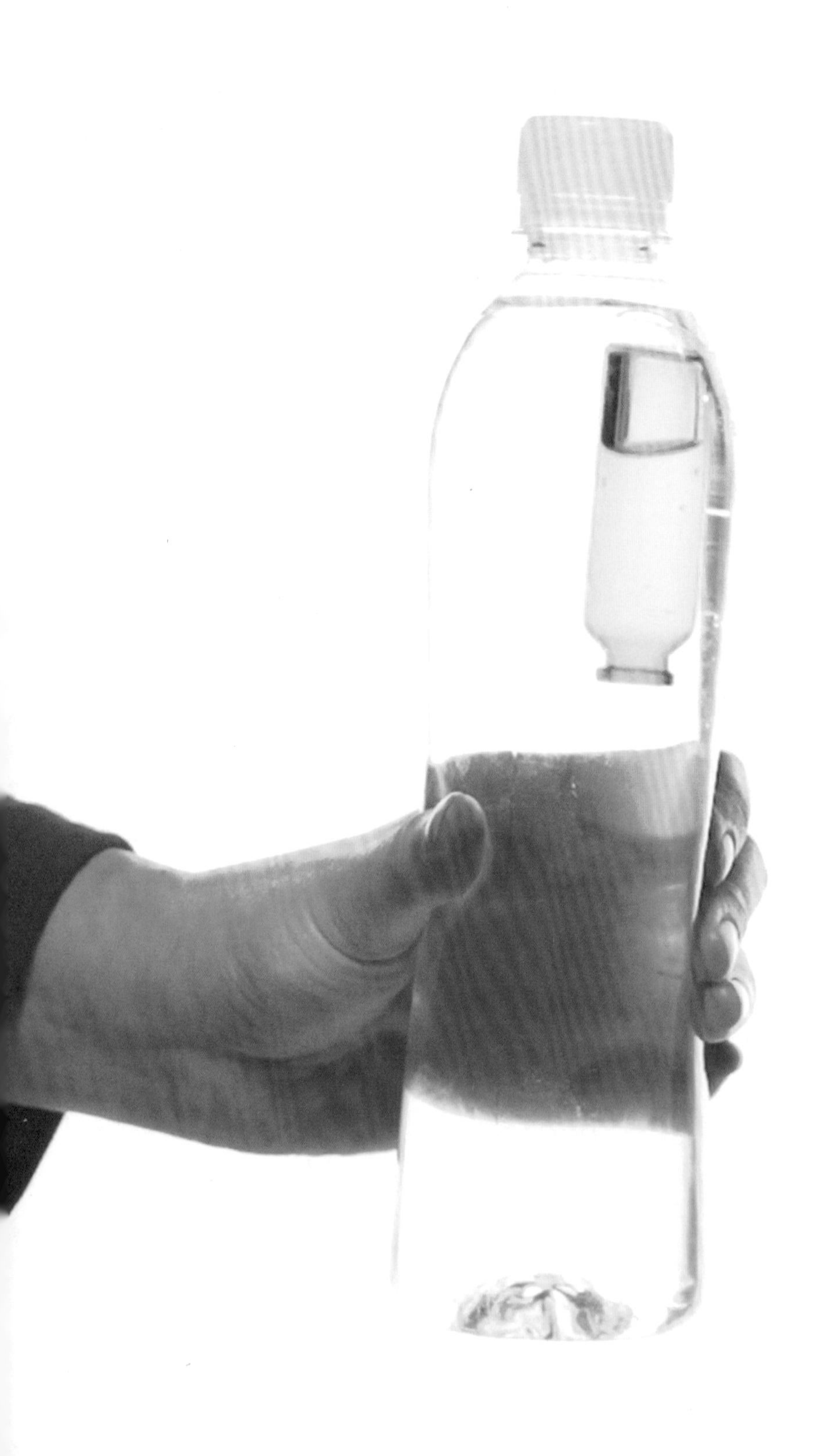

6 升潜自如

难度系数☆☆☆☆☆

一个塑料瓶内有一个小药瓶，当你挤压塑料瓶时，小药瓶会下沉，松手后小药瓶又会上升，这是怎么回事？

1. 你需要：

塑料瓶

水

小药瓶

2. 这样做：

第一步

向塑料瓶中倒水，大约占瓶子容积的 9/10。

1

第二步

向小药瓶中倒水，大约占小药瓶容积的 2/3。

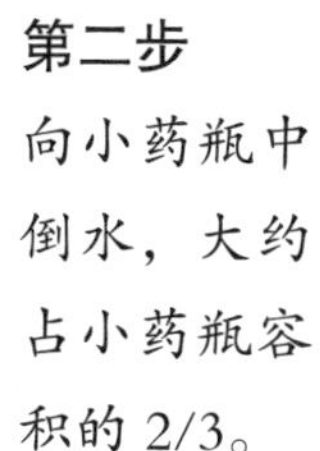

2

第三步

将小药瓶以倒扣的形式迅速放入盛有水的塑料瓶中，并盖紧瓶盖。要确保小药瓶能全部浸在水里同时又浮在水的上部。

第四步

用手挤压塑料瓶，里面的小药瓶会下沉；松开手后，小药瓶会重新漂浮起来。

3. 你发现：

反复挤压塑料瓶，小药瓶会随之上下浮动。

4. 小技巧：

（1）向瓶中灌水时不要将水灌满。

（2）小药瓶盛水后，瓶口要保持敞开状态，不能封闭。

（3）将小药瓶以倒扣的形式放入塑料瓶时动作要迅速。

（4）可以根据实验效果调节两个瓶中的水量。

5. 这是为什么：

实验开始时小药瓶能浮起来，因为小药瓶受到的浮力等于小药瓶的重量加上其中所装水的重量。由于小药瓶体积不变，所能受到的最大浮力也不变。

当塑料瓶受到挤压时，根据帕斯卡定律，瓶内液体受到的压强就会按照原来大小向各个方向传递。小药瓶瓶口上也会受到同样的压强，使得小药瓶内的空气被压缩，同时更多的水进入小药瓶，使得小药瓶和其中的水的总重量大于浮力，因此会下沉。

当塑料瓶的压力撤除后，小药瓶内被压缩的空气会膨胀，将刚才进入小药瓶内的水排出，使得总重量减轻到初始状态。于是小药瓶重新浮了起来。

潜水艇升降的原理也一样。潜水艇不可能靠体积的膨胀和收缩来改变所受浮力的大小，只能通过调整自身重量来实现上浮和下潜。潜水艇上有多个贮水箱。当需要下潜时便向贮水箱中注水，使潜水艇总重量大于浮力。潜到预定深度后，泵出箱中部分存水，使潜水艇重量和浮力相等。需要上浮时需更多排出贮水箱中的水，使潜水艇重量小于浮力。

升潜自如

扫一扫，就能观看实验视频

GoldenPower

7 电磁的旋律

难度系数★★★☆☆

想要领略电磁的旋律，自制一个小马达吧，它会帮你找到答案。

1. 你需要：

磁铁

LED 灯泡

导线

绝缘胶带

螺丝钉

电池

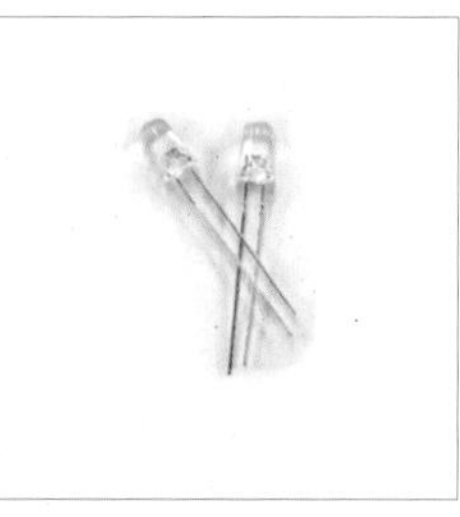
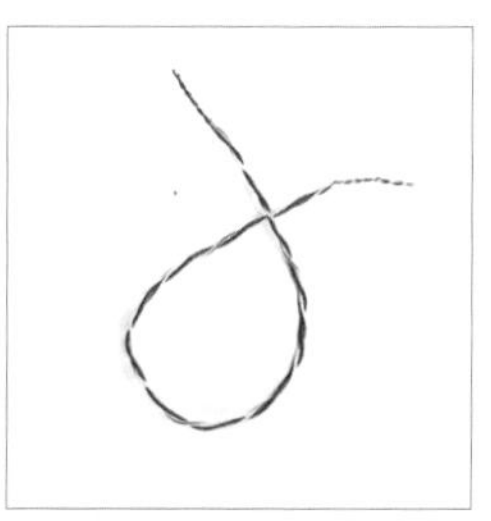

2. 这样做：

第一步

用绝缘胶带将 LED 灯泡的管脚固定在纽扣电池的正负极，使灯泡发光。

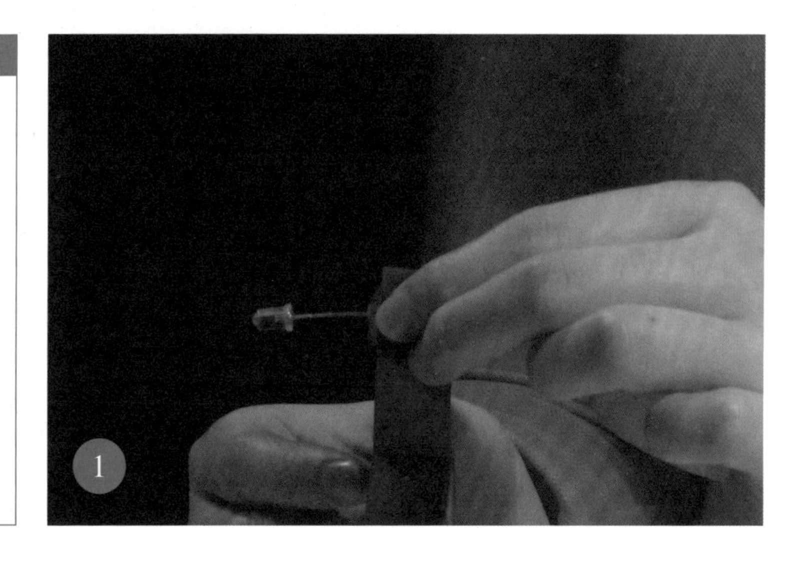

第二步

制作两套纽扣电池和LED灯泡的组合。如图所示，将其吸在磁铁的同一面。

第三步

在磁铁的另一面放置一颗螺丝钉，同时将其吸在电池的负极上。

第四步

取一根导线，一端连接电池正极，另一端接触磁铁侧面。

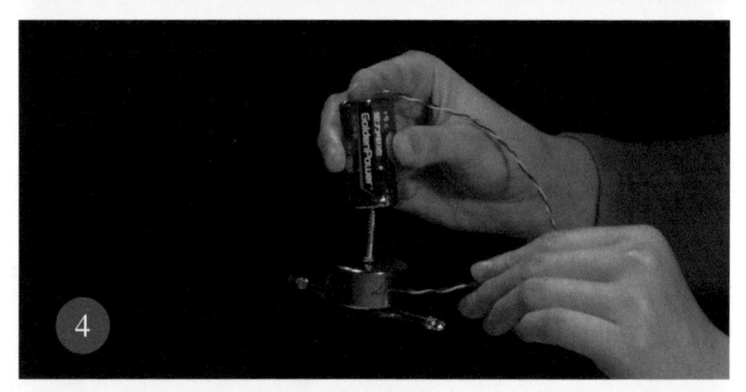

3. 你发现：

磁铁快速地旋转起来，就像一台小马达。

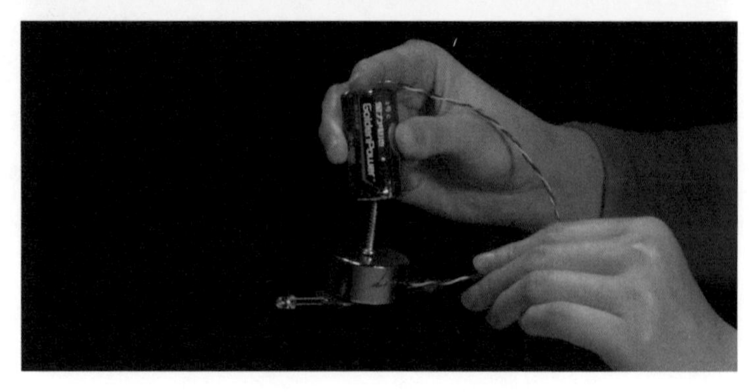

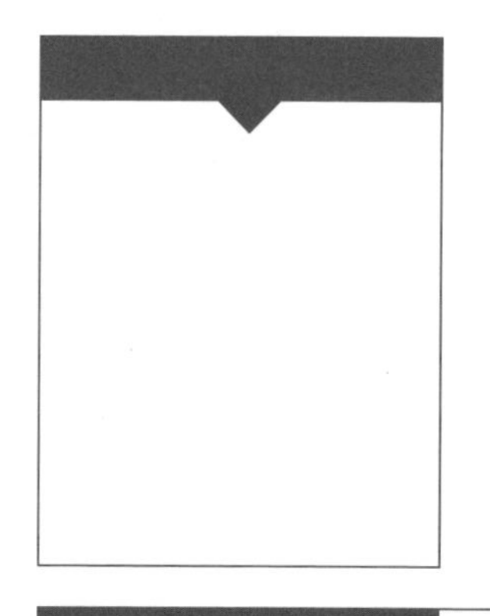

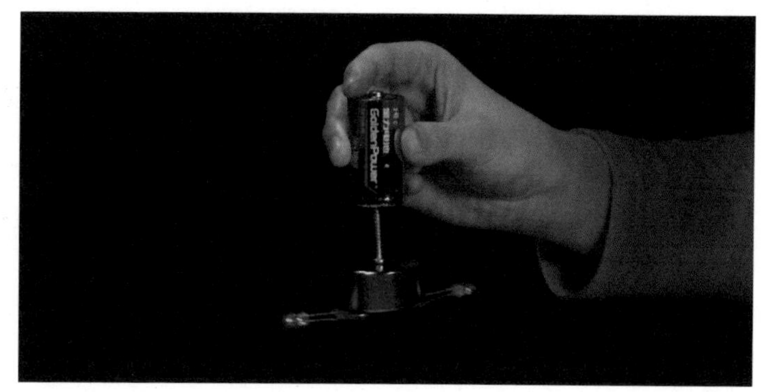

4. 小技巧：

（1）LED 灯泡具有单向导电性质，管脚的长端是正极，短端是负极，只有将 LED 灯泡的正负极对应地接在纽扣电池的正负极上，灯泡才会发亮。

（2）导线接触磁铁侧面时要紧紧贴住，如接触不良旋转就会减弱。

5. 这是为什么：

电动机把电能转变为机械能。这个实验演示了电动机工作的基本原理。

通电导线在磁场中受到的作用力叫作安培力。实验中的磁铁表面是导电的铁皮，用导线接通电池后，就会在磁铁的磁场中形成一条通电回路，并产生由安培力形成的力矩，推动导电回路在磁场中转动。但这里形成导线回路的电池、导线都被手固定而不能转动。由于作用力与反作用力相等，结果导致磁铁转动。由于螺丝钉与电池的接触点摩擦力极小，所以磁铁的转速可以很快。

电磁的旋律

扫一扫，就能观看实验视频

8 飞翔的茶包

难度系数★★☆☆☆

茶包燃尽后会怎样？如果说它会腾空飞起，你相信吗？

1. 你需要：

茶包
点火枪

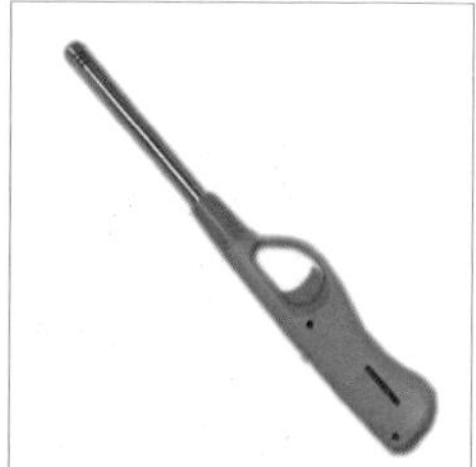

2. 这样做：

第一步
剪开一个茶包。

第二步
倒出其中的茶叶。

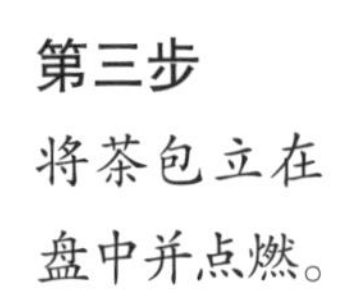

第三步

将茶包立在盘中并点燃。

3. 你发现:

燃尽的茶包飞起来了!

4. 小技巧:

(1)茶包飞行的方向不可控,因此实验场地不要放置易燃物品。

5. 这是为什么:

火焰燃烧时产生热量,空气受热膨胀变轻而上升,四周冷空气便来补充,形成冷热空气的对流。茶包的筒形结构还能起到烟囱的拔火效应,使热空气上升更加迅速和集中。茶包燃尽后,冷热空气对流没有马上停止,便把非常轻的茶包余烬吹了起来。

飞翔的茶包

扫一扫,就能观看实验视频

自己动手来做一下这个实验吧，看看你在实验中有哪些有趣的发现，你觉得是什么原因造成的呢？记下你看到的、想到的，也可以晒晒你的实验照片哦！

实验人 ________ 时间 ________ 监护人 ________

9 冷热交融

难度系数★★☆☆☆

把热水扣到冷水上会发生什么变化？把冷水扣到热水上又会怎样呢？试一试就知道了！

1. 你需要：

玻璃瓶

扑克牌

颜料

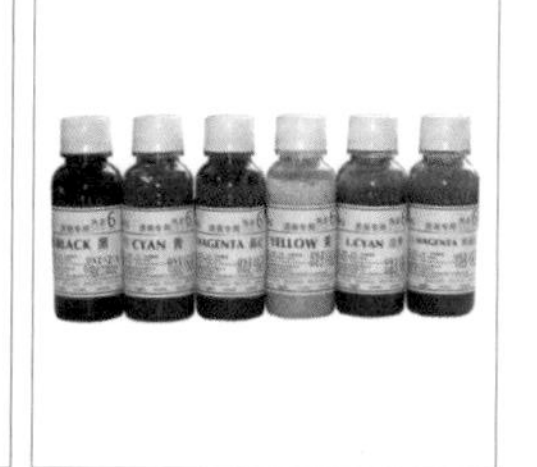

2. 这样做：

第一步

调制两瓶蓝色的冷水。

第二步

调制两瓶黄色的热水。

第三步

用一张扑克牌盖住一瓶热水的瓶口，然后将其倒扣在一瓶冷水的瓶口上。

3

第四步

将盛有冷、热水的玻璃瓶如图放置，抽走扑克牌。

4

3. 你发现：

热水在上的一组玻璃瓶基本没有变化。冷水在上的一组玻璃瓶中，冷热水很快就混合了。

4. 小技巧：

（1）热水的温度不要太高，以防烫手。

（2）确定瓶口对齐后再抽出扑克牌。

5. 这是为什么：

只要在物质间和物质内存在温度差，就会发生热传递。热从高温物体传到低温物体，或者从物体的高温部分传到低温部分。传导、对流和辐射是热传递的3种形式，常常互相伴随着同时发生。

实验中两组玻璃瓶对接后，左侧一组玻璃瓶冷水（蓝色）在下，热水（黄色）在上，由于冷水密度大，因此不发生对流，瓶中的热交换以冷热界面上的热传导为主。水不是热的良导体，因此传导速度相对较慢。但液体分子之间的扩散作用会增加冷热层的接触。当上面玻璃瓶中的热水（黄色）将热量传导给冷水（蓝色）后，冷水温度升高，对空气的溶解度也随之降低，在界面附近会形成气泡逸出。

右侧一组玻璃瓶热水（黄色）在下，冷水（蓝色）在上，由于热水密度小，因此会上升形成对流，使上下瓶中的冷热水很快交融在一起，达到热平衡。

冷热交融

扫一扫，就能观看实验视频

10 忽明忽暗

难度系数★☆☆☆☆

透过两副相同的偏振光眼镜看世界，居然会忽明忽暗，这是怎么回事？

1. 你需要：

偏振光眼镜

2. 这样做：

第一步
将两副偏振光眼镜重叠且平行放置。

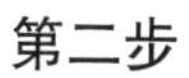

第二步
慢慢转动，直到90度，观察镜片重叠区域的光的强弱变化。

第三步

再转回到两个镜片平行的位置，观察重叠区域的光的强弱变化。

3. 你发现：

两副偏振光眼镜平行时，重叠区域的光比较明亮，随着一片镜片向垂直方向转动，重叠区域越来越暗，达到垂直方向时，几乎完全变黑。再向平行方向转动时，重叠区域又会变得越来越亮。

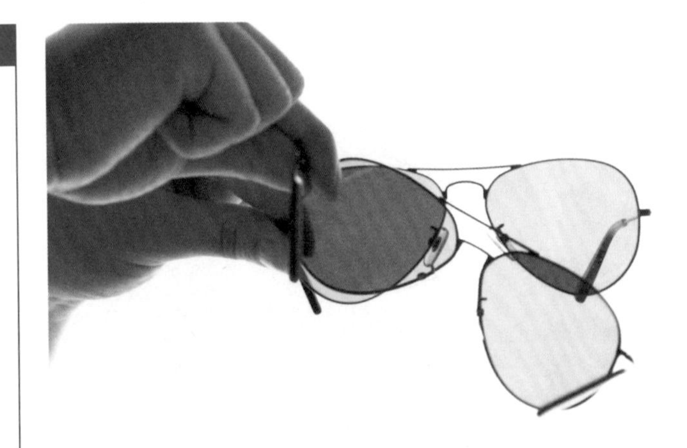

4. 小技巧：

（1）转动眼镜时要保持镜片之间的距离基本不变。

5. 这是为什么：

光是电磁波。它不同于声波一类的纵波，而是一种横波，其振动方向垂直于传播方向。振动方向和传播方向共同构成的平面叫作振动面。如果光的传播只限于在一个固定的振动面上，就叫作平面偏振光。

在自然界的光源和大部分人造光源中，电子从激发态回到基态所发出的光是彼此独立和随机偏振的，总的看来具有各向同性。因此自然光也叫非偏振光。

偏振片是一种光学过滤器，能通过对光波的选择性吸收，让任意的自然光变成具有一定偏振方向的偏振光。或者说，偏振片只允许平行于偏振化方向的振动通行，同时滤掉垂直于此方向振动的光波。人造偏振片是 19 岁的美国学生兰德 1928 年发明的。

人的肉眼不能辨别偏振光。用偏振片制作的偏振光眼镜除了用于观看 3D 电影，还用来过滤多余的噪光，成为时尚的“太阳镜”。

当两副偏振光眼镜平行放置时，由于两副眼镜的偏振化方向一致，因此自然光通过第一副眼镜变成偏振光后能够顺利通过第二副眼镜。当两副眼镜互相垂直放置时，来自第一副眼镜的偏振光便不能通过第二副眼镜。实际上两副眼镜分别扮演了“起偏器”和“验偏器”的角色。

如果两副偏振光眼镜不完全按照垂直方向放置，而是从平行到垂直慢慢旋转，就会看到同时通过两个眼镜的光线渐渐变少变暗。

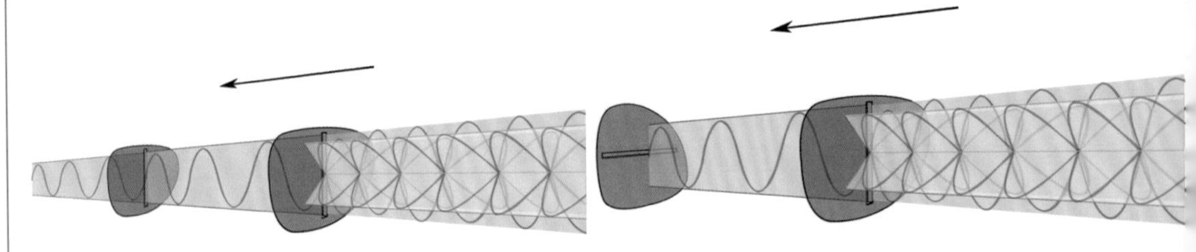

两个偏振片平行放置　　　　两个偏振片垂直放置

忽明忽暗

扫一扫，就能观看实验视频

自己动手来做一下这个实验吧。看看你在实验中有哪些有趣的发现。你觉得是什么原因造成的呢？记下你看到的、想到的，也可以晒晒你的实验照片哦！

实验人 ________ 时间 ________ 监护人 ________

11 烙铁上的水珠

难度系数★★★★☆

滚烫的电热炉上那些晶莹的珠子是什么？本次实验将演示一个神奇的现象。

1. 你需要：

电热炉
滴管
自制道具
（铝质锯齿
状坡面）

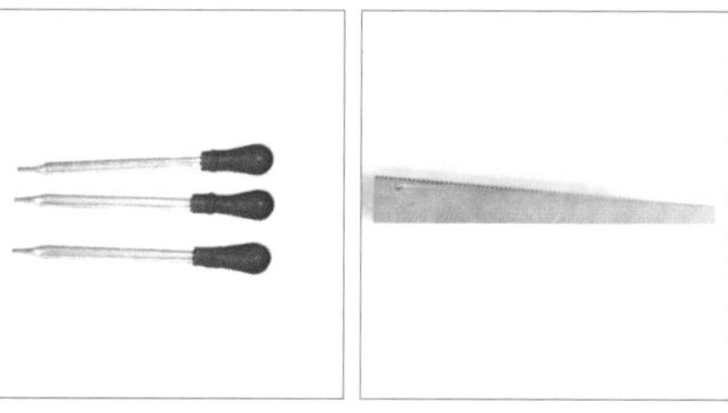

2. 这样做：

第一步
将电热炉的温控开关调节到低挡。

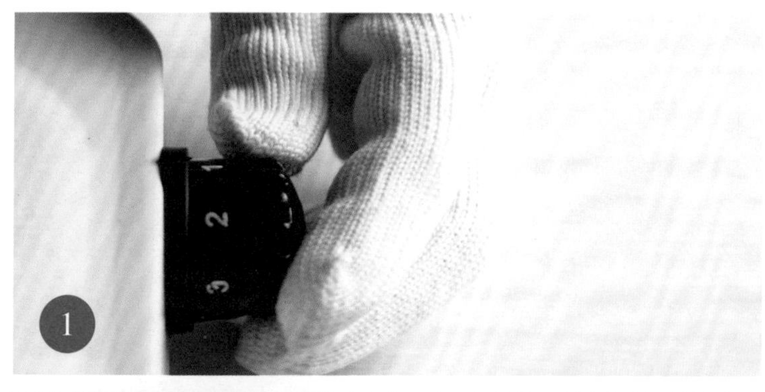

第二步
向电热炉表面滴水。

第三步

将电热炉的温控开关调节到中挡，再向电热炉表面滴水。

第四步

将电热炉的温控开关调节到高挡，再向电热炉表面滴水。

第五步

将铝质锯齿状坡面放到电热炉上加热，并在其表面滴水。

3. 你发现：

当温控开关位于低挡时，水珠迅速蒸发。

当温控开关位于中挡时，电热炉表面形成不断崩裂的水珠。

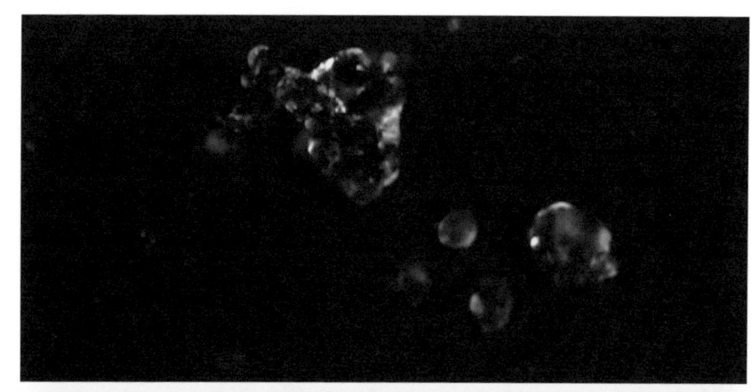

当温控开关位于高挡时，水珠不再崩裂，并汇聚成一个稳定的水珠。

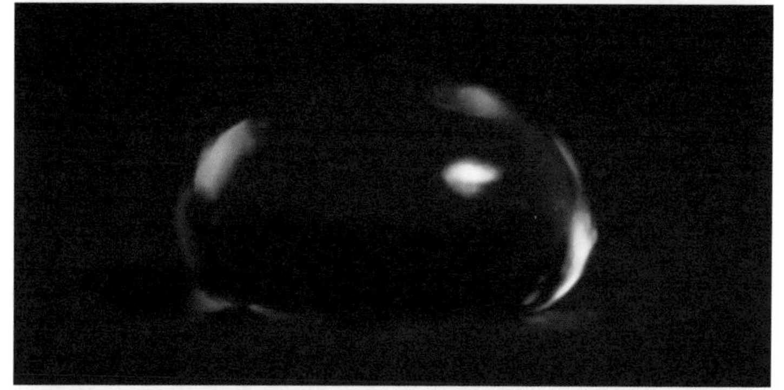

水珠顺着坡面向上滚动。

4. 小技巧：

（1）在电热炉加热的过程中要不断滴水，以便观察不同温度下的实验效果。

（2）操作时戴上手套和护目镜，防止烫伤。儿童应在一定距离外观察成年人进行实验。

5. 这是为什么：

当小水珠滴落到滚烫的铁板上时，远远超过沸点的高温会使水珠的下表层迅速汽化，形成一层气垫，托举小水珠向上浮起。此时的水珠成了一艘微小的“气垫船”。当水珠离开灼热表面后蒸汽减少，水珠又会落下，因此表现为不断跳动。也可以看作灼热表面和水珠的接触角急剧变大，使水珠不再浸润。

汽化带走大量的热，加上蒸汽是热的不良导体，起到隔热作用，使水珠的沸腾过程减慢。

这一现象是德国医生莱顿弗罗斯特 1756 年最早进行深入研究的，因此也叫作莱顿弗罗斯特现象。达到将液滴托举浮起的临界温度为莱顿弗罗斯特温度。水的莱顿弗罗斯特温度约为 200 摄氏度。

有经验的厨师能根据水珠在热锅上的跳动来判断锅的温度。

在灼热而平滑的表面上，水珠跳起的方向是随机的。如果灼热的表面呈不对称的“锯齿”状，由于“锯齿”坡度平缓的一面比坡度陡峭的一面和水珠的有效接触面积更大，形成的“气垫”压力不均衡，会推动水珠单向步进运动。当灼热表面稍微倾斜一个不大的角度时，水珠能够克服重力作用而“爬坡”，出现“水往高处流”的奇观。

液态氮的沸点是 –196 摄氏度，液态氮落在常温的表面上，也会发生莱顿弗罗斯特效应。

水珠在平面上的莱顿弗罗斯特现象

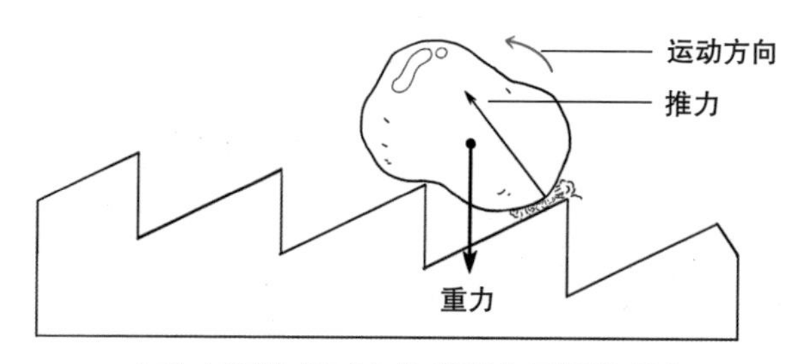

水珠在锯齿表面上的莱顿弗罗斯特现象

烙铁上的水珠

扫一扫，就能观看实验视频

12 磁悬浮陀螺

难度系数★★★☆☆

一个小陀螺能凌空悬浮。其中蕴含着哪些科学道理呢?

1. 你需要:

磁悬浮陀螺

2. 这样做:

第一步

将磁性底盘放在平稳的桌面上,并调整为水平。

第二步

将陀螺底朝下放在底盘上,松手后,陀螺会翻转成底朝上。

第三步

将托板放在底盘上面，彼此位置对齐。在中心区旋转陀螺。

第四步

平稳抬起托板，直到陀螺悬在空中后移走托板。

3. 你发现：

纸圈没有碰到任何支撑物，陀螺真的悬浮在空中！

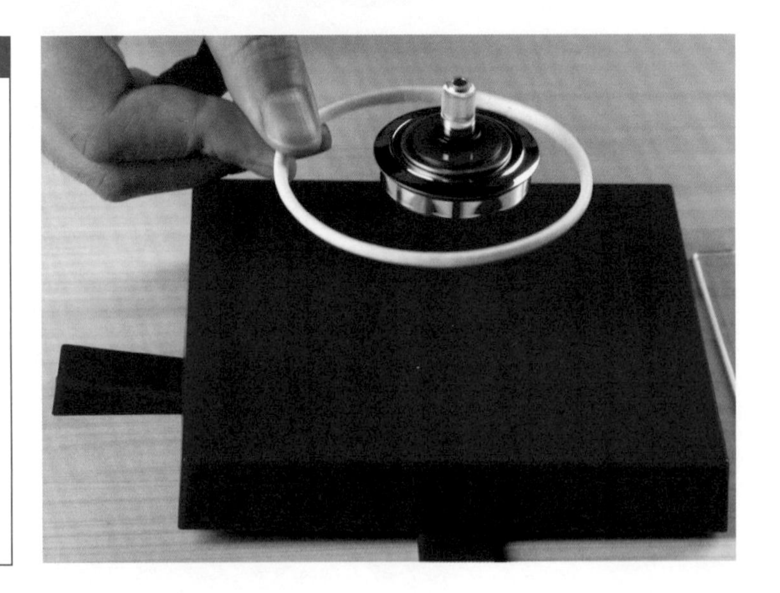

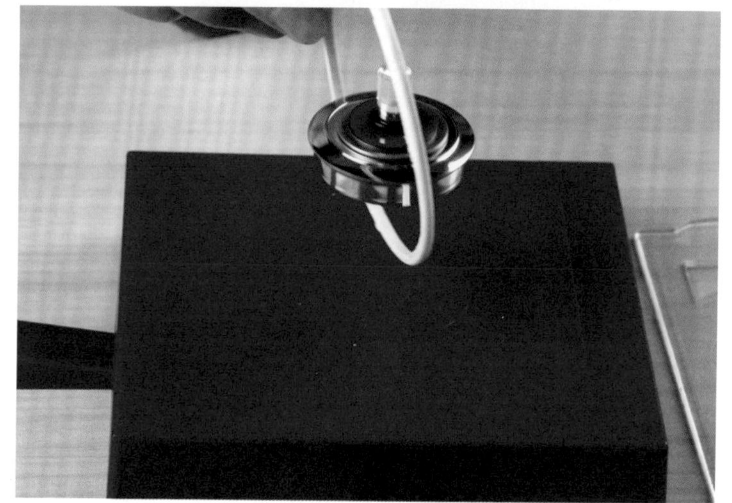

4. 小技巧：

（1）小心地用楔子将磁性底盘调整到水平，使磁力线对陀螺的排斥力垂直。

（2）先用大些的垫圈调整陀螺的重量，再用小的垫圈微调，使陀螺能够既不落下又不飘走。

（3）耐心地反复尝试，实验地点和气温发生变化后需重新调节陀螺的重量。

5. 这是为什么：

几千年来，人类就一直尝试着用磁体同极之间的排斥力对抗重力，把物体托举起来，但从来没有获得成功。1842 年，英国数学家恩绍通过缜密的计算，指出静电荷的相互作用不能构成稳定的力学平衡结构。这一论断更多被应用于磁场中，称为恩绍定理。

实验中的底座和陀螺都是很强的永磁体，一般由钕磁铁材料制成。极性彼此相对，底座磁场的排斥力足以抵抗重力把上面的陀螺浮起来。但如果陀螺没有旋转，便会遵循恩绍定理，南北极迅速翻转，然后和底座变成异极相对而吸在一起。当陀螺旋转时，情况就完全不同了。由于惯性力和角动量守恒，陀螺能维持旋转轴方向不变。当偏斜时旋转轴能通过绕铅垂线进动而回归平衡，从而保持总合力为零。这样陀螺便稳定悬浮在磁场中了。

磁悬浮陀螺的平衡条件非常苛刻，底座磁铁必须严格保持水平，上面陀螺的重量必须精确到既不下沉又不飘飞。调整重量的垫圈只能用塑料或铜片，而不能用铁磁性材料（铁、钴、镍等）。外界温度升高时磁体内分子热运动加快，使得磁性减小，需要重新调整陀螺重量。陀螺转速在每秒 20 ~ 35 转，转速过快过慢都会失稳。受空气摩擦力影响，陀螺转速不断下降而最终跌落。

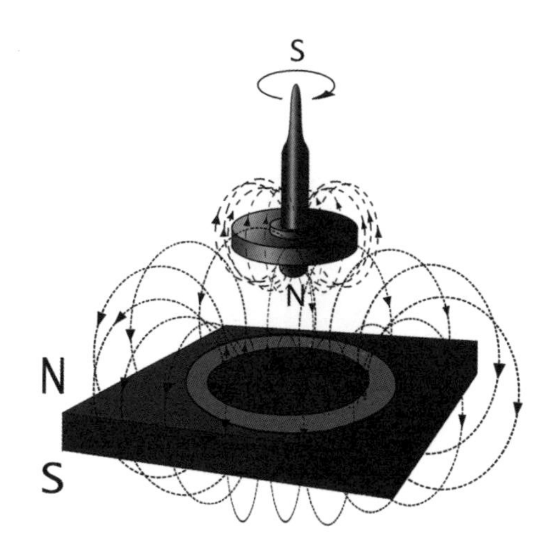

磁悬浮陀螺示意图

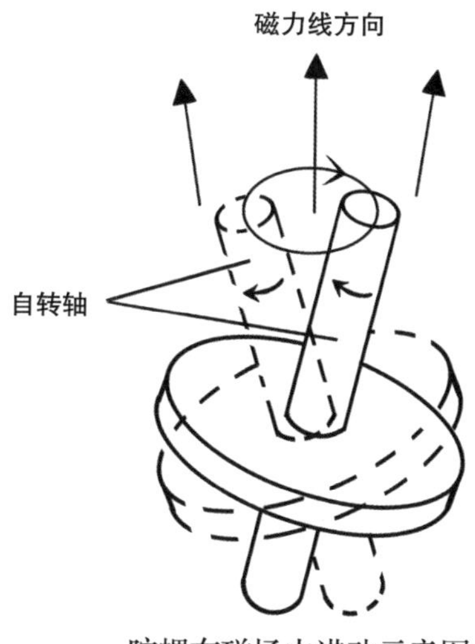

陀螺在磁场中进动示意图

扫一扫，就能观看实验视频

13 投针求 π

难度系数★★★★★

投掷牙签可以计算出圆周率？这听起来不可思议！来看看究竟是怎么回事吧！

1. 你需要：

牙签
三角板
油漆笔
白色木板

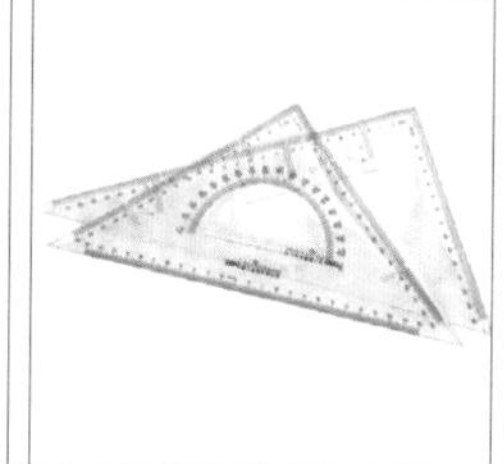

2. 这样做：

第一步
取一块白色木板，在上

面画满间距为2倍牙签长度的平行线。

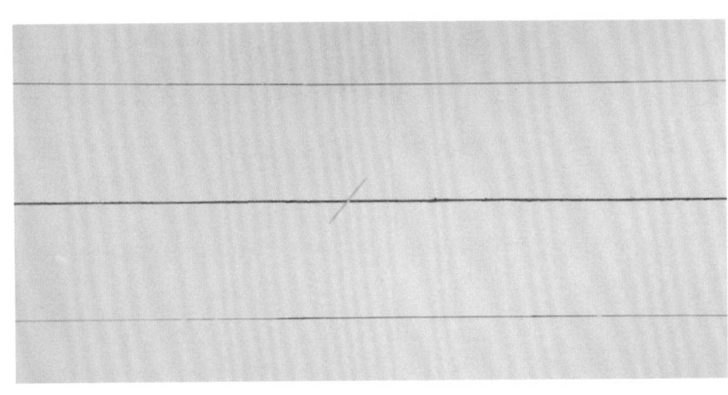

第二步
向木板均匀地随机投掷牙签。

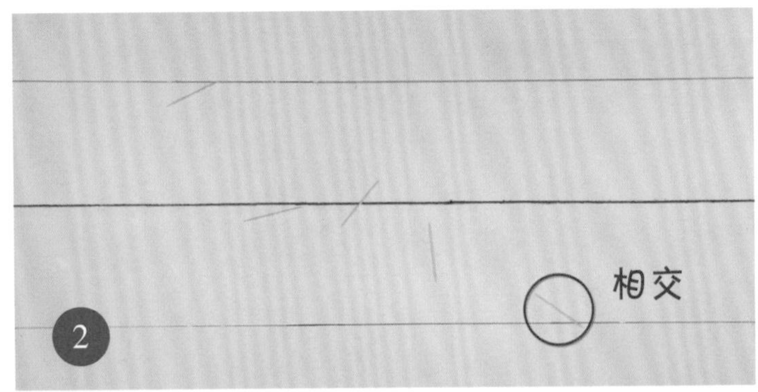

第三步
继续投掷完所有的牙签。

第四步
将与平行线相交和不相交的牙签分成两组。

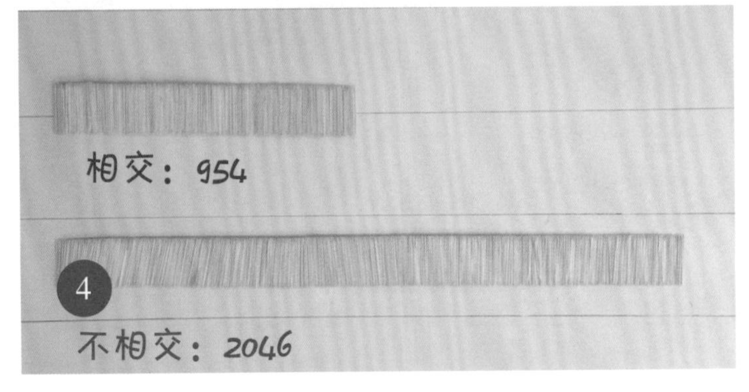

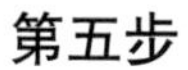

第五步

准确数出所有相交的牙签数，用牙签总数除以相交牙签数。

$$\frac{\text{总数}}{\text{相交数}}=\frac{3000}{954}=3.1446\cdots\cdots$$

5

3. 你发现：

这个比值竟然约等于π！

$$\frac{\text{总数}}{\text{相交数}}=\frac{3000}{954}=3.1446\cdots\cdots\approx\pi$$

4. 小技巧：

（1）平行线的间距要精确到 2 倍牙签长度，否则会影响实验结果。

（2）投掷牙签时要均匀向各个区域散开。

（3）要从相同的高度投掷牙签，尽量覆盖所有的平行线区域。

5. 这是为什么：

1777 年，法国科学家布丰提出了著名的“布丰投针问题”：在一张纸上画出间距相等的许多平行线。将长度小于间距的针随机投到纸上，记下针与直线相交的次数。如果投针的数量足够大，就能根据概率统计，得到一个包含 π 的数学式，求出 π 的近似值来。

要精确证明这个公式相当复杂，涉及很多三角和积分计算。这里做一个简单的推理。

假设平行线之间的距离是 d，用一根铁丝弯成一个圆圈，使它的直径正好为 d。将这样的圆圈投到纸上，显然每次都会和平行线有两个交点，如果扔 n 次，就会有 $2n$ 个交点。

再设想把铁丝圆圈伸直，变成一根针，长度自然仍是 πd 不变。这样的针扔向平行线，情况会比较复杂，可能有 4 个交点、3 个交点、2 个交点、1 个交点，也可能没有交点。由于针的长度和铁丝圈的周长相等，因此它们与平行线相交的概率也相等，投掷次数如果足够多，针与平行线的交点总数也大致为 $2n$。

实验中牙签的长度为 $\frac{1}{2}d$，当投掷次数足够多，牙签跟平行线的交点总数 m 应当与长度成正比，因此牙签和平行线相交的数目 $m = 2n \times \frac{\frac{1}{2}d}{\pi d} = \frac{n}{\pi}$。由此得出投掷总数 n 和相交数目 m 的比值恰好就是 π。

这种以概率统计理论为基础的计算方法也称蒙特卡罗法，起源于美国制造原子弹的曼哈顿工程。当求解的数学问题具有内在的随机性时，可以借助计算机直接进行模拟实验。从核物理中粒子的行为，到社会生活中的风险投资、事故概率、方案优化、疾病发生等调查都需要用蒙特卡罗法。

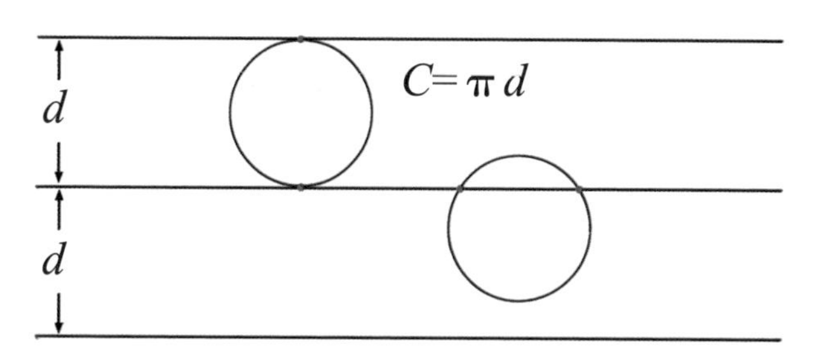

周长为 πd 的圆圈与这些平行线必有两个交点

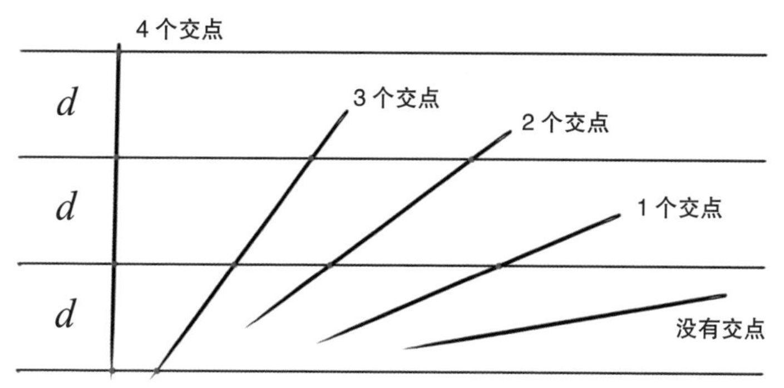

长为 πd 的针与这些平行线可能有 4、3、2、1、0 个交点

扫一扫，就能观看实验视频

热
冷

14 热水先冻

难度系数★★★★★

温度高的牛奶比温度低的牛奶先结冰，听起来荒谬吧，但事实经常如此！

1. 你需要：

烧杯
牛奶
酒精灯
冰箱

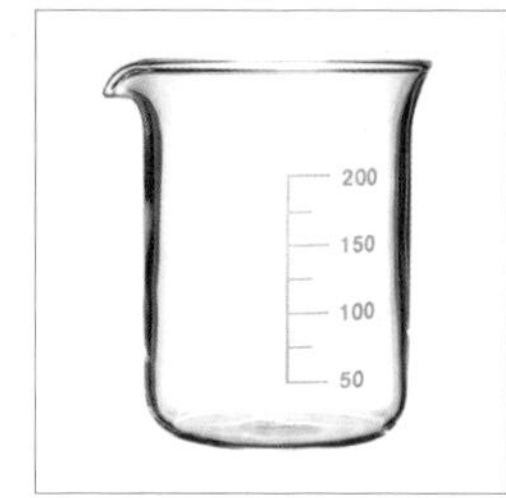

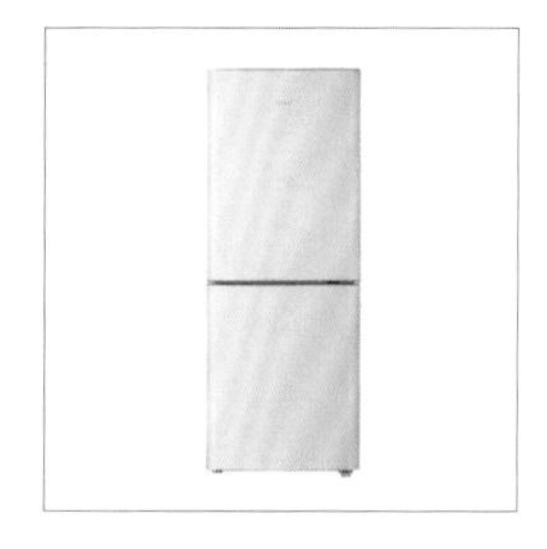

2. 这样做：

第一步
取两个烧杯，分别贴上“热”和“冷”的标记。

第二步
向两个烧杯中倒入等量的牛奶。

第三步

将标记为“热”的牛奶加热至沸腾。

第四步

将两杯牛奶放入冰箱的冷冻室，等待两个小时。

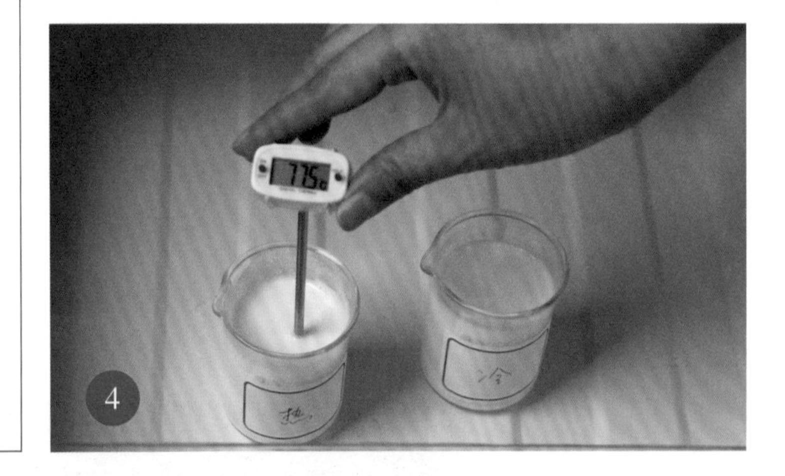

3. 你发现：

两个小时后，热牛奶已经冻得很结实，而冷牛奶只是周围冻住了。

4. 小技巧：

（1）谁也没有 100% 的把握可以将实验一次做成功。牛奶的多少、容器的大小形状、冰箱的功率温度以及冷冻的时间都需要配合适当。一次不成功就多试几遍。

5. 这是为什么：

“同等质量和同等环境下，温度略高的水比温度略低的水先结冰。”2000 多年来，从亚里士多德到培根和笛卡儿都曾经观察和论述过这一现象，却并没有引起广泛注意。冰激凌制造商和调酒师也都体验过这一现象，但从未进行认真探讨。直到 1963 年，坦桑尼亚中学生姆潘巴和同学制作冰激凌时发现热牛奶比冷牛奶先冻上，并引起了达累斯萨拉姆大学物理教授的研究，“姆潘巴现象”才由此得名并进入了现代科学的视野。

对于姆潘巴现象，至今尚没有权威和公认的科学解释，2012 年，英国化学学会曾悬赏 1000 英镑征求答案。众说纷纭的理论大致有以下几种：1. 水汽蒸发导致热水质量减少；2. 热水中溶解的空气会减少；3. 热水在冷却过程中热梯度更大，能引起更剧烈的热对流；4. 冷水会形成温度更低的过冷水，使成核结晶的温度降低；5. 冷水水分子之间氢原子和氧原子的氢键紧密，导致水分子内部氢原子和氧原子的共价键拉伸并储存能量，加热后水分子的热运动致使氢键松弛，导致水分子内氢原子和氧原子的共价键收缩并放出能量，因此热水比冷水降温更快。

无论各种理论怎样百花齐放，有一点是共同的，即“热水”降到“冷水”的初始温度时，和彼时“冷水”的性质是不同的。可以设想两个运动员从不同距离跑向终点，“远”些的运动员跑得快，经过“近”些的运动员的起点时速度也更快。还可能“远”些的运动员到“终点”的距离被缩短。

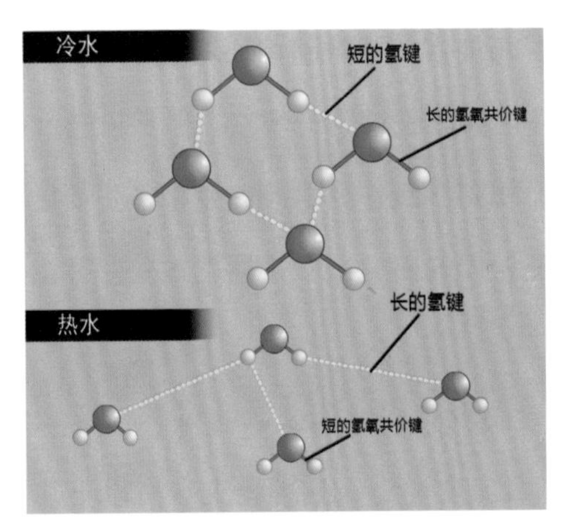

冷水和热水的分子结构示意图

自己动手来做一下这个实验吧。看看你在实验中有哪些有趣的发现。你觉得是什么原因造成的呢？记下你看到的、想到的，也可以晒晒你的实验照片哦！

实验人＿＿＿＿＿＿ 时间＿＿＿＿＿＿ 监护人＿＿＿＿＿＿